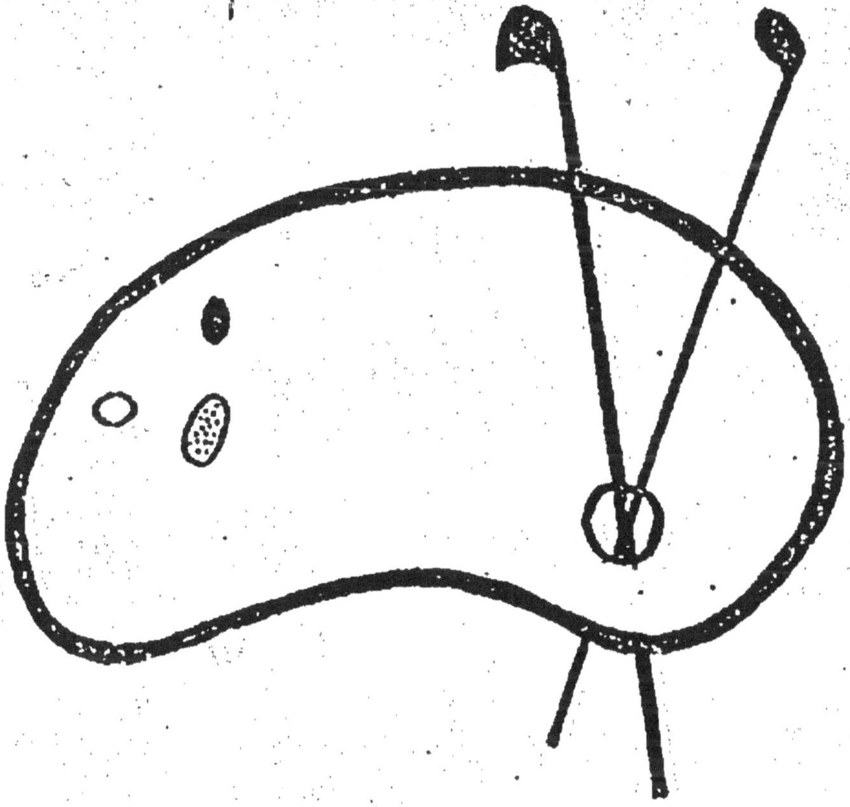

DEBUT D'UNE SERIE DE DOCUMENTS
EN COULEUR

A. PAUL

Toulon

Pittoresque

TAMARIS

LES SABLETTES

TOULON

IMPRIMERIE CITÉ MONTETY

1901

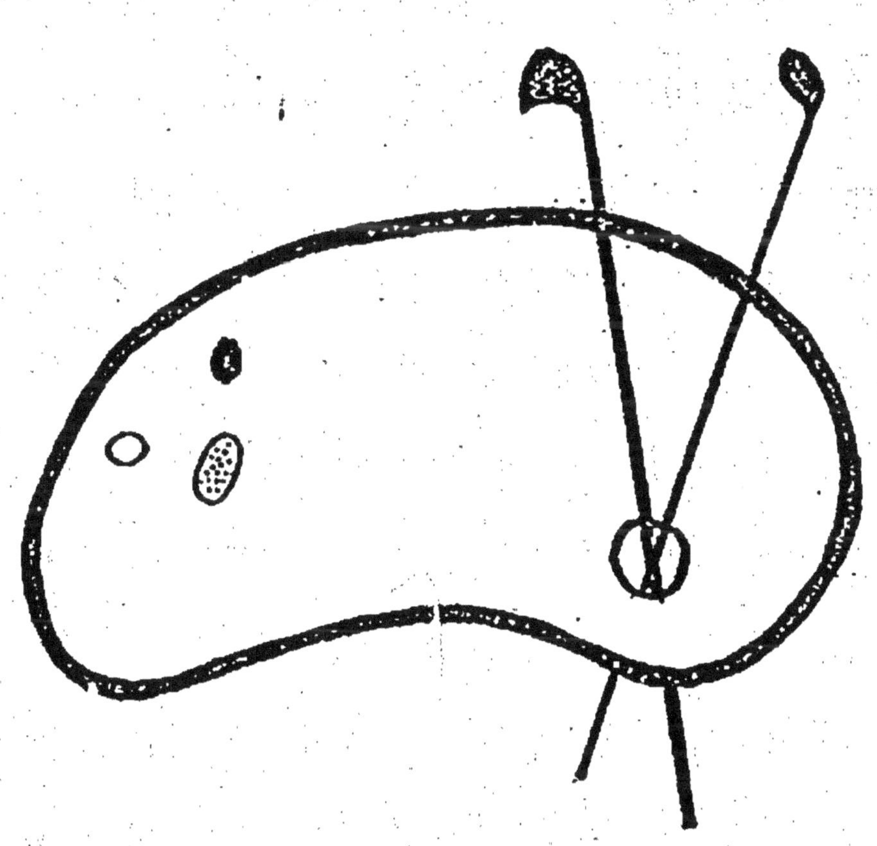

FIN D'UNE SERIE DE DOCUMENTS
EN COULEUR

A. PAUL

Toulon Pittoresque

TAMARIS

LES SABLETTES

TOULON

IMPRIMERIE CITÉ MONTETY

1901

Toulon Pittoresque

TAMARIS

LES SABLETTES

Par les après-midi des dimanches d'été, lorsque la canicule arde, Toulon, avec ses rues désertes, ses magasins fermés, ressemble à une ville morte. Et, fuyant la vue odieuse des remparts qui obsèdent, enserrent, étouffent, on va vers les horizons larges, les visions claires, les paysages tout rafraîchis de brise, vers la mer, joie des baigneurs, vers la mer, berceuse des rêves...

Et ce sont les Tamaris, les Sablettes... Un vapeur vous y mène. Sur le port au bas de la petite rue Méridienne, se trouve l'embarcadère... C'est l'heure du départ; la cloche du bord tinte. Les galeries se parent d'une joyeuse floraison de robes claires et onduleuses .. Et les amarres sont larguées. Les flancs du navire tressaillent, la machine trépide, l'hélice tournoie soulevant des remous d'écume. Sous l'étrave s'ébouriffe une moustache d'argent, une fine guipure entoure la coque, à l'arrière s'attache un catogan neigeux, et la cheminée haute s'empanache d'un plumet de jais qui balaye les eaux de son ombre mouvante...

Déjà les quais sont loin... D'un regard on embrasse toute l'étendue de la vieille darse : le Grand-Rang avec ses torpilleurs fuselés, le Petit-Rang avec ses vieux transports casernes ; et toute la ligne des maisons céruléennes du port, et les rafiots et les tartanes aux voiles mi-ployées, rousses, jaunes, blanches qui enluminent les anneaux bleus de la mer de violentes bigarrures...

« Stop ! » On franchit la Chaîne-Vieille...

Et maintenant, en route !... Sur une onde plate et lourde, à peine ridée d'un souffle, le vapeur se hâte et glisse le cap vers le golfe de Tamaris dont les molles collines festonnent la petite rade au sud ; et, en dernier plan, fondues délicatement dans une brume légère et chaude, se dressent les hauteurs austères de Sicié...

Par derrière, au nord, dominant la ville tassée à ses pieds c'est le majestueux déploiement des montagnes dénudées et grises, mais aux lignes classiques et fières, où les citadelles blanches évoquent la pensée de jolis temples grecs...

Et la traversée se poursuit rapide et délicieuse... Le ciel d'un bleu turquoise, devient dans le champ de l'irradiation solaire d'une blancheur de kaolin. Sous le reflet de l'astre, la mer brille comme une éclatante plaque d'acier ; et, tout autour, scintillent, papillottent, de petites lueurs fugitives aveuglantes, véritables éclaboussures de feu... A bord la marche du navire crée une atmosphère de fraîcheur.

On vogue doucement bercé par le froufrou soyeux du sillage, sur les eaux dormantes de cette petite rade, superbe et admirable, qui vit, dans le passé, les escadres victorieuses des d'Estrée, des Duquesne, des Seigneley, des Tourville, et, qui, dans le présent, fournit à notre patriotisme de si précieux souvenirs. On regarde la transparence verte de la mer, le long de la coque, ainsi que la ride crêtée d'écume qui s'écarte loin du bord avec un ruissellement de névé... Dans l'azur laiteux de l'air, des mouettes balancent de blanches guirlandes..

On longe l'arsenal du Mourillon avec ses cales couvertes aux toitures en accents circonflexes. De là on lançait jadis les navires de l'ancienne marine. Oh ! ces vaisseaux d'autrefois, aux chevelures de cordage, aux mâtures pyramidales, fendant les flots, dans l'envol de leur voilure immense. Aujourd'hui, comme des îlots abruts s'escarpent les cuirassés, Leviathans modernes hérissés de canons, de cheminées et de mâts militaires. Leurs flancs évasés et noirs reluisent au soleil comme du métal blanc. Leur présence anime et égaye la rade, donne lieu à un mouvement curieux de toute une flottille de canots, de barques, de chaloupes, de vedettes, de bugalets, de remorqueurs.

Voici le Polygone aux terres arides et jaunes; au-delà sur le rocher de la Mitre les tuiles des villas rougeoient dans la verdure.

Passé la Grosse-Tour l'horizon s'élargit

encore, dans l'est. Par les passes de la jetée crayeuse, on voit la mer fuir au loin, vers des côtes délicieusement floues. Et, c'est le mamelon sombre du Cap-Brun, les falaises rutilantes de Sainte-Marguerite, les trois ressauts bruns de la Colle-Noire, et les terres vaporeuses de Giens et des Iles d'Hyères...

Puis on entre dans la baie de Tamaris, en doublant la tour de Balaguier, vieux fortin du XVIIe siècle, aimable antiquité militaire, conservé comme un objet d'art, pour la joie du décor...

Et, brusquement, au tournant de cette pointe, le paysage change. C'est comme le coup de baguette magique d'une féerie. A vos yeux, tout le petit golfe s'étale, abrité par les collines éternellement vertes du Lazaret, de Tamaris qui reflètent, dans l'azur liquide, l'image renversée de leurs contours. Au sud, s'allonge à fleur d'eau, l'étroite bande de sable de l'isthme des Sablettes. Au-delà, émerge la double pyramide des « Freirets ». Et, sur l'horizon, d'une douceur lumineuse, se dessine l'imposante silhouette du cap Sicié, du célèbre cap Cithariste, consacré, dans l'antiquité, à Apollon, joueur de lyre.

Toute cette péninsule s'étend paresseusement au soleil, se pâme sous ses chaudes caresses, tel un beau félin, au poil souple, l'œil mourant, dans une pose de langoureux abandon. Mais qu'on ne se fie pas à cette attitude de nonchalance ; il y a la griffe sous la patte de velours. Derrière ce riant rideau de feuillage, se cachent des batteries redoutables, prêtes à se démasquer, à la moindre alerte et à parler haut et ferme.

Mais tous ces travaux de défense qui s'échelonnent à ras de côte ou sur les éminences, n'enlèvent au paysage ni de sa grâce, ni de son attrait. La sévérité géométrique des glacis fortifiés se dissimulent suffisamment sous le couvert des arbres pour ne pas détruire l'harmonie des rivages et offusquer le regard du promeneur paisible.

Le vapeur doucement avance. Derrière vous, le rocher de Balaguier, servant de piédestal à une villa soleilleuse, dérobe la vue de la petite rade. Mais on aperçoit toujours la jetée et ses passes, l'hôpital de St-Mandrier, le Cros Saint-Georges, et là-bas, le littoral Toulonnais avec les ciselures de ses baies, et les festons de ses falaises, couronnées de forts, constellées de maisons de campagne, et, formant le fond du tableau, la masse calcaire et ravinée du Faron et l'éperon caractéristique du Coudon.

Le bassin fermé où l'on vogue a la tranquillité sommeillante d'un lac. La proue anime de quelques frissons cette nappe d'eau unie et glacée. Ici la mer est sans profondeur. C'est la charmante baie où l'on pêche clovisses et praires doubles ; et un immense parc à coquillages y a été installé. Le steam-boat court sur des fonds de sable fin. Et, dans les transparences, le réseau capricieux formé par les moires réverbérées, tend et détend ses mailles d'or.

Du pont on admire les côtes qui défilent : C'est l'enchantement, le grandiose, le faste d'une station d'hiver. Le Manteau, Tamaris ! En des arrêts successifs, le vapeur parcourt ce rivage fortuné. Au dessus, la colline étage ses pentes douces à une altitude qui n'excède pas 80 mètres. Les pinèdes bienfaisantes et touffues accusent leurs reliefs sous les jeux de lumière. Sur tout ce versant protégé du mistral, châlets, villas, châteaux, hôtels s'essaiment dans les verdoyants massifs, surgissent et miroitent, blancs et roses, en des architectures des plus fantaisistes.

Est-il transformé le pays décrit par George Sand ? Ce pays « coupé de vignes basses, rayé de plantations d'oliviers et de larges sillons de céréales hâtives et souffreteuses » avec « dans chaque enclos, une bastide laide et décrépite ». On ne le reconnaît plus aujourd'hui. A la place des humbles maisonnettes du hameau de pêcheurs, des constructions radieuses. A la place des marécages, des jardins où exubère une flore vivace, où flamble l'éclat des fleurs. Les palmiers étoilent leurs pennes vernissées ; les eucalyptus comme des éventails hindous balencent haut leurs frondaisons luisantes. Et ce sont des haies de fusains, de mimosas, de tamaris ; des bosquets d'orangers, de citronniers et de lauriers-roses. Les touffes d'aloès dardent leurs sabres glauques. Tout rappelle la Grèce et l'Orient. Cyprès noirs, oliviers pâles, figuiers noueux, coupoles, terrasses crénelées, kiosques soutenus par de glaciles colonnettes, ciel bleu et barques rayant le miroir éclatant des eaux comme de légers caiques. C'est un coin entrevu du Bosphore : un séjour élyséen. L'air tiède est

parfumé d'effluves balsamiques qui con-
viennent aux santés frêles et délicates. Et
tout l'hiver durant, valétudinaires et riches
étrangers viennent habiter ces bords enso-
leillés.

Le véritable renovateur de ces lieux fut
M. Michel Pacha. Par la toute puissance
de ses millions, il fit de cette région, pau-
vre il y a quinze ans, un merveilleux eden.
Il assécha et assainit le rivage plat et couvert de « palūns » et le fertilisa par un in-
telligent colmatage. Sur les terres rappor-
tées un large boulevard, tracé en bordure
de la mer, mit en communication Tamaris
station hivernale avec les Sablettes, station
Balnéaire. Un service régulier de vapeurs
fut établi entre Toulon et ses localités; et
un chenal creusé dans les eaux basses,
permit aux bateaux d'atterrir même à l'isthme des Sablettes.

A Tamaris commence cette voie draguée
dans le golfe qui s'ensable. Des piquets la
délimitent. Le vapeur s'y engage avec un
ronflement de l'hélice qui remue les fonds
vaseux. Et le déplacement du steam-boat
dans cette passe creuse, d'un niveau diffé-
rent avec ce fond de golfe, y attire les eaux,
ensuite les refoule avec des remous neigeux
qui courent, en écumant, tout le long de la
rive.

Valmer ! Là se trouve une coquette bâ-
tisse de pur style mauresque. C'est l'insti-
tut biologique créé sur l'initiative de M. le
Docteur Dubois, professeur des sciences de
l'université de Lyon. On y étudie la flore et
la faune marines.

Maintenant les collines ont tourné vers l'ouest, et la plaine s'étend non encore complètement asséchée. C'est l'ancienne terre inculte et marécageuse du Crotton, appartenant jadis au terroir de Six-Fours. Le quartier de l'Evescat y touche, l'Evescat ancienne possession des évêques de Toulon et de Tauroentun. On y voyait encore au XVIIIᵉ siècle les vestiges de leur opulente demeure pavée de mosaïques.

De chaque côté du vapeur les « mattes » affleurent, couvrent la surface des eaux de leurs végétations aquatiques.

Et lentement les siagnes, les joncs et les roseaux envahissent et comblent ce golfe où, aux premiers siècles de notre ère, alors que l'isthme des Sablettes était encore ouvert, les galères romaines voguaient à pleine voile, autour de l'île de Cépet, se rendant de Telo Martius à Tauroentum .. (1).

Le vapeur entre dans un portalet qu'abrite une jetée en équerre. Il accoste. On débarque, et on traverse une vaste esplanade nue et rase, entièrement conquise sur la mer. Il y a quelques années seulement, la route qui passe devant la maison de douane, courait en bordure même du golfe. Maintenant, une centaine de mètres l'en sépare. C'est ainsi que sans répit, nos côtes se transforment, sous l'influence des apports des fleuves, des érosions des falaises, et des courants littoraux qui entraînent et déposent les sables suivant des directions connues. Les alluvions draînés par l'Argens ont

____

(1) R. Vidal.

comblé à la longue, le port de Forum Julii.
L'île de Pomponiana est devenue par la
formation de deux « lidi » sablonneux, la
presqu'île de Giens. De même l'isthme des
Sablettes a uni l'île de Cépet à la côte.

Aujourd'hui, le petit port de l'Evescat et
l'anse du Crotton dont parle l'historien
Bouche, n'existe plus. Notre petite rade
elle-même a perdu la configuration qu'elle
présentait au temps de l'occupation romaine.
Alors son étendue était beaucoup plus con-
sidérable. La mer pénétrait profondément
dans les terres (1). Les estuaires du Las et
de l'Eygoutier étaient très élargis. Mais les
eaux de ces fleuves, chargées de limon,
exhaussèrent lentement par leurs dépôts,
les fonds de la rade, et formèrent à leurs
embouchures de larges marais. La main de
l'homme a aidé le travail de la nature. Les
marais mouvants et vaseux ont été asséchés
et affermis, puis sont devenus des prairies
et des jardins. Sur les atterrissements de
Castigneau et du Mourillon, la Marine a
prolongé son immense arsenal. Un quartier
s'ébauche sur le champ de la Rode. Les
Forges et Chantiers de la Seyne ont construit
leurs ateliers de machines, sur les rives
basses des Mouissèques ; et, dans la nou-
velle plaine du Crotton, d'élégantes villas
commencent à s'élever...

A la naissance de l'isthme, se dispose le
hameau des Sablettes. Le cabanon y voisine
la riche bastide, et la guinguette bon enfant,
l'hôtel luxueux. La route qui vient de La

------

(1) R. Vidal.

Seyne le traverse et se poursuit jusqu'au Creux Saint-Georges en contournant à mi-flanc la colline boisée du Lazaret.

Pour le beau monde, les Sablettes c'est surtout le Casino. Un jardin de plantes exotiques en précède l'entrée. L'établissement se dresse au bord même du flot. Une haute porte cintrée s'ouvre dans la façade, comme une bouche énorme baillant. Sous le porche se garent les bicyclettes. On pénètre sous le grand hall aérien et frais. Une foule choisie s'y presse; et, dans la lumière blutée par les vitrages de couleurs, le chatoiement des robes s'harmonisent. Dès l'orée, un palmier gigantesque évase les jets souples de ses palmes courbes. Le gravier, légèrement mouillé, craque sous la pression des bottines qui chaussent fin les pieds menus. Des corbeilles de géraniums s'éclairent entre les colonnettes de fer qui soutiennent l'immense toiture métallique. De chaque côté, à travers les murailles vitrées, on aperçoit les arbres du jardin se dessiner et se mouvoir comme des fresques animées. Et, tout en face, encadré par les montants du hall, c'est le superbe décor déployé de la mer, avec, profilés sur la droite, les beaux escarpements violets du cap Sicié. La brise emplit l'énorme nef de ses effluves salines et amères...

Un des côtés est réservé aux dineurs. Là, dans le jour amorti, les nappes accusent leur blancheur. Au milieu, le kiosque pour la musique. Et, à droite, s'alignent les tables où se savourent les apéritifs et les rafraîchissements divers. Les absinthes odorent,

les limonades pétillent, les bières et les
cidres mettent aux choppes des collerettes
écumeuses, et les cuillers heurtent les sou-
coupes où les crèmes glacées arrondissent
leurs volutes vanillées, citronnées, cramoi-
sies.

Certains ne viennent ici que pour tenter
la chance aux petits chevaux, cette manifes-
tation fiévreuse au culte du dieu « Cheval ».

Cependant la galerie s'amuse des esbats
des nageurs. Les « entrées dans l'eau » sont
parfois crânes et parfois des plus comiques.
On voit des baigneurs étiques et d'autres
ventripotents. Les uns font voir leur belle
performance, paradent et évoluent sous les
yeux des curieux. Ceux-ci font du bain un
sport, et ceux-là, une cure et n'y restent pas
au-delà des dix minutes prescrites par le
docteur. Les femmes, en amples costumes,
ne mouillent que timidement leurs chairs
frileuses. Prudemment elles se tiennent aux
cordes qui délimitent les fonds où « l'on a
pied », et, elles se méfient de la vague sour-
noise qui les surprend et les effare...

Et tout en bas, à l'abri du hall qui s'avance
en auvent, sur la plage même, toute une
marmaille rose armée de pelles et de seaux,
creuse le sable, s'agite et se démène avec
des cris et des rires joyeux.

Et les mères, assises par groupes, contre
la muraille, surveillent les enfants avec une
tendre sollicitude.

Sont-ils gentillement espiègles tous ces
petits travailleurs de la mer, avec leurs
robes et leurs pantalons hauts troussés, avec
leurs cheveux épars auréolant leur front

candide. Comme leurs petons nus frétillent dans la ride qui s'étale. Il en est de décidés qui s'avancent hardiment dans la lame qui les douche. Alors la mère attentive d'accourir; elle emmène le gamin, le gronde et le sermone tout en l'essuyant et en le changeant.

Par intervalle, l'orchestre résonne. Et les morceaux se succèdent rithmés par le flot qui déferle. Mais souvent la mer grossit, se fait bruyante; à chaque coup de vague, elle couvre les sons des instruments. Les notes hachées, désunies, voltigent, se dispersent; puis, la vague passée, se retrouvent, se rejoignent, et recommencent à nouveau le chant. C'est une impression imprévue et bizarre. On dirait que c'est la mer elle-même, qui, en brisant sur la côte, essaime à tous les vents, ces milliers d'harmonies...

Mais de toutes ces scènes de la plage, ce qui charme par dessus tout le poète, l'artiste, le rêveur, c'est le spectacle magnifique de l'horizon marin. C'est la courbe parfaite de ce rivage d'un sable doux et fin, c'est le recul rythmique des côtes qui s'enfuient à gauche, jusqu'à la pointe de Saint-Elme, et à droite jusqu'aux sites sauvages du Baou Rouge et de Fabregas. Des barques de pêche, la voile latine penchée en accent grave, semblent venir sur vous, puis cinglent vers le large dans un feston d'écume; des torpilleurs agiles manœuvrent, traversant l'onde comme de minces fuseaux brodant de fils d'argent une tapisserie...
Parfois la mer battue de mistral, se creuse et s'échevèle. Toute la baie n'est plus qu'une

plaque de fer-blanc qui remue et qui gondole... Les vagues courtes, bondissent et se
poursuivent comme un troupeau de moutons, dont le vent tondrait la laine ; puis
elles viennent s'abattre sur la grève qu'elles
inondent et qu'elles ravinent.

Mais voici que le soir tombe... C'est un
lent crépuscule rempli de fraîcheurs et de
magnifiques clartés. Des nuées, en floconnements lilas et rose, se massent au-dessus
des eaux somptueusement historiées.

Sur un ciel enflammé de soufre et de
safran, le cap Sicié estompe ses croupes
d'améthyste. Le soleil qui descend, se pose
sur un des ressauts de la montagne comme
un boulet rougi sur une enclume ; et, tout
autour, c'est comme un immense rougeoiment de forge... Et toutes ces beautés du
soir émeuvent l'âme et bercent sa nostalgie... Puis les couleurs se fanent comme
une fine limaille de plomb, les grisailles
emplissent les espaces... Le hall se vide ;
seuls les soupeurs demeurent, et le restaurant s'éclaire, s'anime devant le large
remuement de la mer d'ardoise qui soupire
et s'endort...

Tandis que la plage des Sablettes est fréquentée par la société mondaine, l'anse de
Balaguier, au nord du promontoire, est le
rendez-vous des bruyantes « foucades ». Ce
point de la côte est aujourd'hui relié à La
Seyne par une route large qui ourle le
rivage ocreux. Le dimanche, l'endroit s'anime de rires et de chants. Les petites
barques amènent le populaire, et sous les
pinèdes du « Bois Sacré », les groupes con-

fectionnent les bouillabaisses provençales.

Chacun s'y emploie ; celui-ci alimente le feu, celui-là nettoie le poisson, cet autre prépare les épices, tandis que certains se livrent à la pêche de succulents oursins... Les concerts improvisés, les « galegeades » les jeux de boules, les baignades, égaient l'après-midi, et parfois encore les « Targaïre Toulounen » offrent au bon public, le divertissement de leurs amusants exercices...

Autrefois, non loin du « Bois Sacré » dans la délicieuse courbure du rivage compris entre le fort de l'Aiguillette, et la tour de Balaguier, la guinguette du père Louis était en renom parmi les vieux toulonnais. C'était comme l'Asnière des Parisiens. De quelles fines agapes, de quelles joyeuses parties ce restaurant champêtre ne fut-il pas le témoin ! Et si ses treilles et ses bosquets pouvaient parler.....

Balaguier, Tamaris, les Sablettes, Marvive, Fabregas, tous ces sites pittoresques et charmants de cette presqu'île, sont desservis par de grandes voies de communication. Mais combien je leur préfère les petits sentiers ombreux qui serpentent mystérieusement à travers bois.

Souvent, venant de La Seyne, je coupais par la colline du Caire que couronne le fort Napoléon. D'abord, le martellement sonore qui s'élevait de la grande usine des Forges et Chantiers me poursuivait de ses retentissantes vibrations qui bientôt s'affaiblissaient, se taisaient avec l'éloignement.

Je cheminais alors dans un doux silence

de solitude, sous le clair treillis des pins enlacés. J'écoutais le bruissement léger du vent qui caressait les frondaisons et les faisait vibrer comme un suave chœur de lyres. Bientôt le sentier se dissimulait sous les bouquets de bruyères et d'églantiers, sous les touffes de myrthes et de lentisques. J'errais à l'aventure dans des fourrés de broussailles, je m'engageais dans des sentes qui n'aboutissaient pas ou se ramifiaient à l'infini. Je m'enfonçais dans des vallons, j'hésitais à des carrefours, je m'attardais dans des clairières où tout à coup, dans le cadre finement sculpté des feuillages, fuyait une divine échappée de mer bleue ou de côte lavée par une vague mousseuse...

Tout était motif de fête pour les yeux : charme du sous-bois épaissi d'ombres, ou tout éclairé de lumière blonde, fouillis serré des branches semblant plonger en des flaques d'azur ou accrocher des ouates de nuages ; décors fuyants embués de brume chaude avec, à l'horizon, des estompes bleuâtres de montagnes. Je restais là, à savourer ma liberté et mon isolement, à me griser de l'harmonie, du parfum et de la splendeur des choses. Mais brusquement une claironnée retentissait, me tirait brutalement de ma rêverie. Non loin de moi dans un repli de terrain, se cachait une batterie. Et je passais ; j'approchais maintenant des lieux habités. Des haies vives d'aubépines, de rosiers, de troènes, limitaient de vastes enclos. Des chemins lisses conduisaient à l'entrée de belles villas où des allées bien ratissées, semées de cailloux blancs, dessinaient des corbeilles de fleurs, des massifs touffus de verdure. Par dessus les pentes de jardins luxuriants, de grandes terrasses d'hôtels aux halls vitrés, ma vue plongeait sur le golfe de Tamaris, sur des lointains lumineux de rade, sur des profils très boisés de roches : c'étaient les collines bondissantes de la Colle Noire ; et tout en face la presqu'île Cepet avec son hôpital de Saint-Mandrier, son Creux Saint-Georges, son Lazaret ; c'était encore l'isthme des Sablettes, et par de là, au large, à la pointe de la courbe héroïque du Cap Sicié, les rochers jumaux des « Freirets » asile des oiseaux de mer !.....

Ce coin de terre présente un autre attrait. Depuis plus de cent ans, il est acquis à l'histoire. Ici se jouèrent les principaux épisodes de guerre, qui, en 1793, entraînèrent la chute de Toulon. A chaque pas, on retrouve les souvenirs de cette lutte grandiose qui, en rendant notre premier port militaire à la France. commença, en même temps, la prodigieuse fortune de Bonaparte.

C'est sur le plateau où se trouve actuellement le fort Napoléon, que les Anglais avaient construit le fort Mulgrave, du nom d'un de leurs généraux. Puis, il fut surnommé, à cause de sa position stratégique et de son formidable armement, le « Petit Gibraltar ». Cette redoute allongée du sud au nord, avait 150 m. de long. Elle était armée de 20 canons et de 4 mortiers de gros calibre répartis en plusieurs batteries séparées par de nombreuses traverses. L'enceinte était défendue par un fossé de 2 à 3 m. de profondeur sur 4 à 5 de large, flanqué de 6 petites pièces, et, en outre, par une rangée d'abatis et une double file de chevaux de frise. Un millier d'hommes en occupaient l'intérieur : autant avait été placé, en arrière, près d'une batterie de 6 mortiers, battant la gorge et le dedans du fort. Il complétait un système de camp retranché, en forme de triangle scalène, avec les redoutes de l'Aiguillette et de Balaguier aux deux autres angles.

Dès le 25 novembre, dans un conseil de guerre tenu entre Dugommier et les généraux de l'armée républicaine, Bonaparte, qui avait remplacé dans le commandement de l'artillerie le capitaine Dommartin, blessé à la prise d'Ollioules, avait fait valoir toute l'importance de la position et la nécessité de s'en rendre maître, de façon à chasser les escadres alliées dans la Grande Rade, et à isoler Toulon en le privant des ressources qu'il tirait par voie de mer. Son avis prévalut. Plusieurs batteries furent établies contre la redoute Anglaise, et parmi celles-ci la fameuse batterie des « Hommes Sans-Peur. »

Où était-elle exactement située ? Beaucoup se le sont demandé. Comme tous ceux qu'intéresse notre histoire locale, je l'ai longuement cherchée. Mais après avoir consulté la carte du siège de Toulon en 1793, qu'ont publiée MM. Krebs et Moris dans leur livre : *La Campagne des Alpes*, il ne pouvait plus y avoir, pour moi, d'incertitude. En effet, d'après un document officiel, cette batterie était à 120 toises du fort Mulgrave et en était dominée. Sur les lieux mêmes, je pus me rendre compte de son emplacement précis.

A 250 mètres environ, au sud du fort Napoléon, à droite du chemin montant de La Seyne à Tamaris, s'allonge dans la direction du E.-N.-O., une série de mamelons couvrant le quartier de l'Evescat. Trois batteries y avaient élé installées : des Patriotes du Midi, des Braves ou Chasse-Coquins et des Hommes-sans-Peur. Celle-ci venait en dernier lieu, occupait l'extrémité est de cette ligne de monticules, et donnait sur le Golfe de Tamaris. L'endroit où je me trouvais répondait bien à ces indications. Mais le mamelon était clos par une haie d'aubépines. Un petit portail en bois noir s'offrit à moi. J'entrai et me dirigeai vers la maison de campagne qui se dressait au penchant de la côte, au milieu des olivettes. J'appelle. Une bonne et vénérable dame se présente. Je m'excuse et explique le but de ma visite.

« Mais, la batterie des Hommes-sans-Peur, s'écrie-t-elle, c'est ici même, dans cette propriété. Je vais vous y conduire ».

Je ne m'étais donc pas trompé. Je sus alors que je me trouvais dans la campagne Verlaque.

Nous gravîmes durant quelques minutes la colline schisteuse ; puis, tout au haut, sur le plateau, Mme Verlaque m'arrêta et me dit : C'était là !.. De l'ancien ouvrage militaire il n'existait plus aucun vestige. Mais quoi d'extraordinaire ! Toutes ces batteries étaient volantes, c'est-à-dire rapidement établies pour les besoins de l'attaque et de la défense. Elles consistaient en quelques travaux en terre, tranchées et épaulements que le temps et la pioche du paysan ont vite fait de niveler à nouveau.

Nous étions près d'une maisonnette. Je me grisais de la beauté du paysage « N'est-ce pas que la vue est merveilleuse d'ici ? » ajouta la propriétaire du lieu. Et elle m'apprit : « Il y a bien longtemps que j'habite cette bastide, et j'ai connu George Sand. Tenez ! cette villa, dans ce bouquet de pins parasol, c'est là où elle a séjourné. Cette campagne a appartenu successivement au docteur Chargé, à M. Trucy, avoué, et finalement a été achetée par un parisien. Elle porte toujours le nom de la romancière. Mais de chez moi le coup d'œil est encore plus beau. Bien des dames viennent s'asseoir sur cette terrasse pour jouir du ravissant tableau ou prendre des croquis, et près de ce vieux puits, sous ces eucalyptus, M. Viollet-le-Duc est venu travailler.

— Et où fêta-t-on, en 1893, sur l'initiative du maire de La Seyne, le centenaire de la célèbre batterie ?

— En bas, sur le chemin, car ici c'était propriété privée. Cependant on dressa, sur ce plateau même, une bigue avec un drapeau. Et en face, sur la pente du fort, une autre bigue qui correspondait directement avec celle-ci. Voyez ! elle y est encore.

De nouveau je m'extasiais sur le merveilleux décor. A nos pieds, pardessus les massifs ébouriffés des frondaisons, miroitait tout le golfe de Tamaris où sillaient des vapeurs. Et au delà de la jetée, la vue embrassait la grande rade bleuie et cerclée de collines brunes et rouges. Au Sud s'étendaient les plaines de l'Évescat, du Crotton, des Sablettes, limitées brusquement par la haute muraille du Sicié. Au N.-O , Six-Fours émergeait sur son mamelon conique, et, dans un creux, La Seyne s'entassait au bord d'un coin de petite rade où planaient quelques voiles blanches. Et, devant nous, au nord, à travers un bois bossué de pins et de chênes lièges, on apercevait les glacis du fort Napoléon, de l'ancienne redoute Anglaise !...

Et une émotion me gagne à me trouver ainsi sur l'emplacement même de la célèbre batterie. Là, des hommes tombèrent, fauchés par la mitraille que crachait le « Petit Gibraltar » volcan en éruption, et, les canonniers démoralisés, pris de terreur panique, déjà abandonnaient la position intenable... Mais il était là aussi, lui, le petit officier pâle, calme au milieu des balles bourdonnantes. Il conservait cette impassibilité qui impose ; il avait déjà ce puissant regard d'aigle, ce coup d'œil des grands capitaines qui relève et réconforte le cœur des hommes, et semble même faire violence à la victoire capricieuse. Sans doute il s'ignorait encore. Son amour des armes, son patriotisme suffisaient alors à son ambition. Mais son étoile se levait, qui, de son éclat, devait bientôt éblouir l'Europe entière. Il vit la peur tenailler ses soldats. Sergent Junot ! crie-t-il, écrivez sur un écriteau : « Batterie des Hommes Sans-Peur. »

Et Junot écrivit ; et l'écriteau fut placé en avant de la batterie.

Oh ! prestige des mots ! Pour être dignes d'un si glorieux nom de baptême, les artilleurs électrisés luttent d'ardeur et de courage, et demeurent stoïques à leur poste de danger et d'honneur… Et la nuit vint, nuit du 17 au 18 décembre, nuit où la fureur des éléments se mêle à l'horreur d'un assaut épique. Sous la pluie torrentielle, dans le fracas des tonnerres et des rafales, les colonnes Victor et Laborde se ruent comme une avalanche à l'attaque du fort. Sous l'impétueux élan, abatis et chevaux de frise sont franchis, le parapet est escaladé ; on est dans la place. C'est alors la mêlée formidable et sanglante ; la tuerie sombre et farouche. On se bat à la baïonnette, on se fusille à bout portant ; mais les Républicains reculent. « Je suis perdu ! » s'écrie Dugommier. Non pas, car voici Muiron qui accourt avec les réserves, et rétablit l'équilibre du combat.

Après trois heures d'un terrible corps à corps, la redoute est enfin enlevée. Les Anglais vaincus se réfugient sur les hauteurs de l'Eguillette et de Balaguier, d'où ils furent chassés le lendemain. Dugommier possédait la clef de Toulon.

Et d'autres scènes épisodiques me reviennent en mémoire, défilent en tableaux rapides devant mes yeux : Combats d'Ollioules, de Malbousquet, du Faron, du Cap-Brun. Mais de toutes ces péripéties du siège, le vulgaire lui, n'a voulu conserver que le souvenir de la Batterie des Hommes-sans-Peur. Il a laissé dans l'ombre tous les autres chefs valeureux, et n'a reporté que sur Bonaparte seul le succès de l'entreprise, parce qu'il sut animer, enlever, enflammer le courage de ses soldats par un de ces moyens simples et ingénieux qui remuent et subjuguent toujours l'âme des foules !

Et, cependant, s'il y avait eu un peu plus d'entente et de cohésion entre les divers éléments étrangers qui concouraient à la défense de la ville, Toulon n'aurait pas succombé. Certes, les Espagnols furent loyaux et braves, mais les Anglais affectèrent, en tout une morgue, une supériorité humiliantes. Ce ne fut pas de gaîté de cœur qu'on accepta le secours qu'ils offraient. On se méfiait de leur politique perfide, de leurs promesses fallacieuses. Mais l'heure de plus en plus critique n'était pas aux tergiversations. « C'en était fait, de nombreux échafauds allaient être dressés dans cette commune. Déjà, les subsistances lui étaient coupées du côté de la terre ; elle ne pouvait s'en procurer que par la mer. Mais les Anglais qui en étaient maîtres, interceptaient l'arrivée de tout navire. Il fallait donc fléchir devant la Montagne ou l'Escadre, se livrer à la merci de Robespierre et de Fréron ou de l'amiral Hood. Ceux-là nous apportaient des échafauds, celui-ci nous promettait de les briser ; les uns nous donnaient la famine, l'autre s'engageait à nous fournir des grains ; Fréron nous apportait cette constitution de 1793, écrite par la main du bourreau sous la dictée de Robespierre, Hood nous proposait de reconnaître l'ancien ouvrage de la Constituante... Une portion des habitants eut la faiblesse de préférer le pain à la mort, la Constitution de 1790 au code illégal et anarchiste de 1793, le régime ancien mitigé au régime nouveau de la Terreur... Quel que soit ce crime, la Montagne et Fréron doivent se le reprocher : leur usurpation, leurs cruautés, leurs crimes en furent la seule cause... » (1).

On préféra donc endormir ses craintes et ses soupçons et ajouter foi en la parole d'un peuple qui se présentait comme le protecteur de la liberté, de la justice et de l'humanité et on se décida au sacrifice douloureux commandé par la nécessité. On allait voir bientôt éclater la fourberie et la duplicité de ces prétendus alliés .. Quand ils virent qu'ils ne pouvaient conserver le premier port militaire de France, ils songèrent à le brûler et à le détruire!...

Après la prise du Petit-Gibraltar, ils mettent leurs tristes projets à exécution. Ils commencent à faire sauter les ouvrages extérieurs : Forts des Pomets et du Petit-Saint-Antoine; puis ils évacuent Malbousquet, et, secrètement, font embarquer leurs malades et leurs équipages, avec l'intention criminelle d'abandonner les habitants à leur malheureux sort. Leur trahison alors apparaît évidente. La population consternée, affolée, veut fuir une ville qui va devenir un tombeau! On se précipite sur les quais; on se presse, on se bouscule, on se dispute, Dieu sait au prix de quelles luttes barbares! les places dans les embarcations, sur les

---

(1) Lettre d'Isnard à Fréron.

radeaux. Beaucoup, sous la poussée de la
foule frémissante et houleuse, tombent dans
le Vieux-Port et se noient... Des coups de
feu tirés malencontreusement par une pa-
trouille napolitaine viennent ajouter encore
au tumulte, au désarroi : Voici les Républicains ! crie-t-on, et le trouble, la confusion,
l'épouvante sont à leur comble ! Les appels,
les supplications, les cris de terreur, de
colère, de malédiction éclatent en une ru-
meur formidable ! Oh ! jours lamentables
des 18 et 19 décembre 1793.

La mort se présente aux habitants sous
mille formes à la fois : l'Arsenal brûle, treize
vaisseaux flambent, une frégate explose, les
bombes ravagent la ville, et aux plaintes
déchirantes et désespérées de la populace
terrorisée répondent les clameurs de ven-
geance et de mort des Républicains massés
aux pieds des remparts... Puis les escadres
alliées s'éloignent. Alors malheur à ceux qui
restent dans Toulon ! Les Conventionnels
ont juré de raser la ville, d'en faire un mon-
ceau de ruine et de cendres. Et, les fusillades,
les massacres en masse, la guillotine en
permanence continuent la série rouge. « Cela
va d'un train épouvantable. Nous faisons
tomber tous les jours deux cents têtes, écri-
vait Fréron ! » Ni le bourgeois, ni l'ouvrier,
ni le prêtre, ni le magistrat, ni la vieillesse,
ni la faiblesse ne trouvèrent grâce devant la
cruauté des vainqueurs.

Et tous ces souvenirs tragiques me serrent
le cœur...

Le soleil se couche dans un bain de sang,
et, dans le cinabre du couchant, je crois

voir passer comme les reflets de ces incen-
dies, que l'Anglais alluma, en guise de
sinistres adieux !...

Juillet 1901.

449

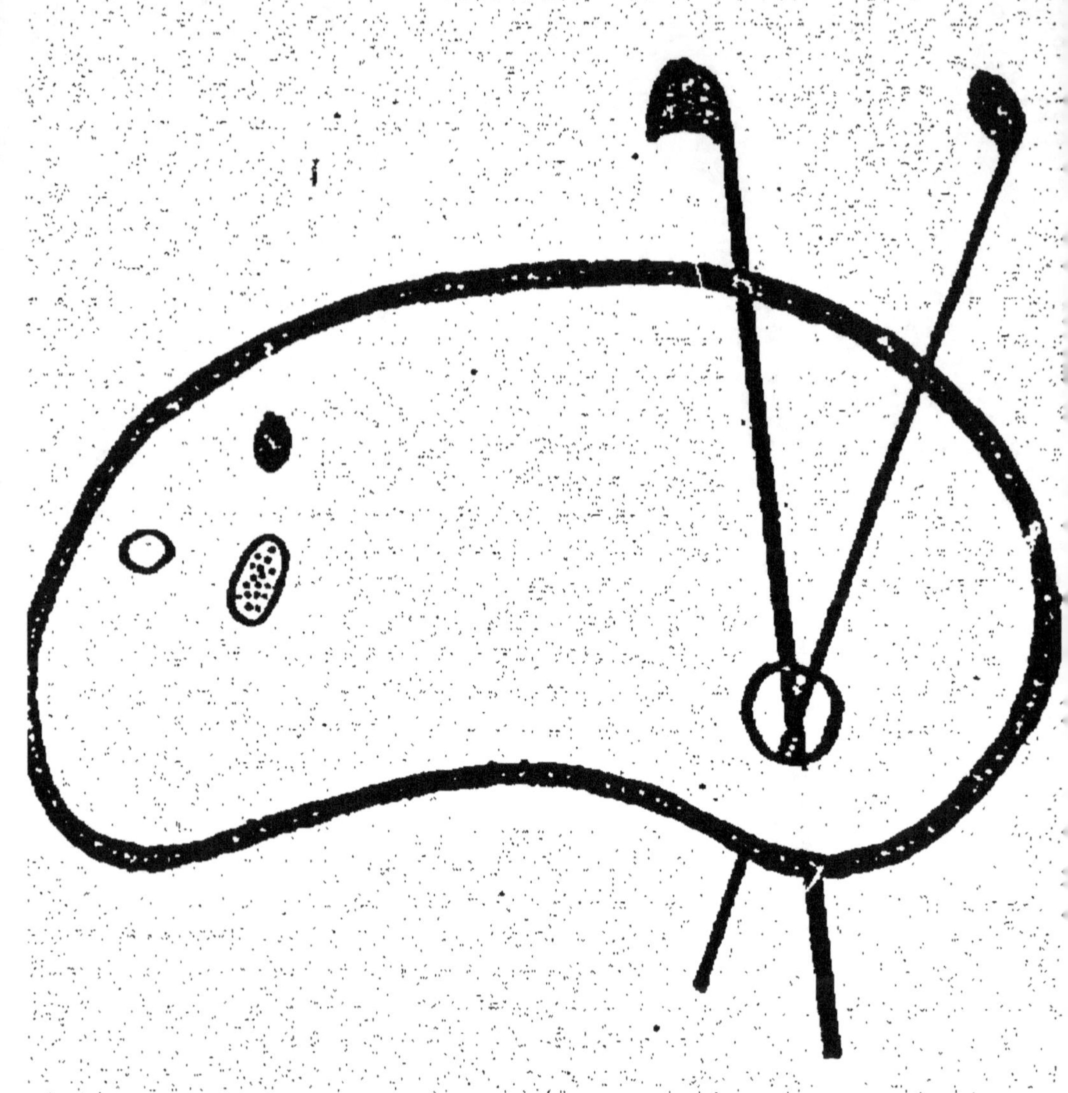

ORIGINAL EN COULEUR
NF Z 43-120-8